P. G. HÜBNER

WILHELMSHÖHE

KASKADENANLAGEN, SCHLOSS UND LÖWENBURG

Mit 18 Tafeln in Kupfertiefdruck, 33 Textbildern und einem farbigen Plan des Parks

DEUTSCHER KUNSTVERLAG BERLIN 1927

LANDGRAF KARL, STICH VON C. A. WORTMANN, 1718

P. G. HÜBNER

WILHELMSHÖHE

DEUTSCHER KUNSTVERLAG
BERLIN 1927

VERÖFFENTLICHUNG DER VERWALTUNG DER STAATLICHEN SCHLÖSSER UND GÄRTEN

Die Vorlagen für die Tafeln und für einen Teil der Textbilder lieferte die Staatliche Bildstelle, Berlin. Den Druck der Tafeln in Kupfertiefdruck und des Textes besorgten die Graphischen Kunstanstalten F. Bruckmann A.-G., München. Das Wappen auf der Einbanddecke ist dem Titelblatt der Kurhessischen Staats- und Adresskalender 1805—1817 entnommen.

VORWORT

Die vorliegende Schrift soll den Besucher von Wilhelmshöhe über die Geschichte der Gartenanlagen und Gebäude im allgemeinen orientieren und als vorläufiger Führer durch die jetzt öffentlich zugänglichen Räume des Wilhelmshöher Schlosses dienen, die nach Entfernung des aus preußischer Zeit stammenden Inventars durchweg neu geordnet worden sind. Der Weißensteinflügel des Schlosses, dessen Räume für die Besichtigung noch nicht geöffnet sind, ist hier nicht behandelt. Für die Sammlungen der Löwenburg wird nach Durchführung der Neuordnung ein besonderes Verzeichnis erscheinen; die hier aufgenommenen kurzen Bemerkungen beschränken sich daher im wesentlichen auf die Geschichte der Burg.

Der Verfasser ist für die vorliegende Arbeit, abgesehen von den Beamten der Krongutsverwaltung, der Leitung des Staatsarchivs in Marburg zu Dank verpflichtet, die die Benutzung der dort ruhenden Archivalien über die hessischen Schlösser bereitwilligst erleichtert hat.

INHALTSÜBERSICHT

Abb. 1 Das Oktogon ohne die späteren Verstärkungsbauten, um 1757

I
DIE KASKADENANLAGEN

(Tafel 13—15)

Der Plan zu den Wasserkünsten in Wilhelmshöhe ist wohl der großartigste Versuch des Barock, eine Landschaft im Stil des italienischen Gartens künstlerisch zu gestalten. Der ursprüngliche Entwurf ist etwa zu einem Drittel ausgeführt worden, die übrigen Teile sind vielfach verändert und in kleinere Formen aufgelöst worden, doch wird noch heute der Besucher, der vor das Schloß tritt und zu dem mit dem Herkules gekrönten Kaskadenbau hinaufsieht, den Eindruck haben, daß aus dem großzügigen Plan, begünstigt durch die Üppigkeit des nordischen Baumwuchses auf vulkanischem Boden, ein Werk von eigentümlicher, kraftvoller Größe entstanden ist (Tf. 13).

Die Anfänge der Kaskadenanlagen gehen in das 17. Jahrhundert zurück. An der Stelle etwa des jetzigen Schlosses Wilhelmshöhe stand damals das landgräfliche Jagdschloß Weißenstein, dessen Name von einem beim Süd-(„Weißenstein"-)Flügel des heutigen Schlosses hervortretenden weißen Felsen hergeleitet wird. 1615 ließ Landgraf Moritz (regierte 1592—1627) die „von kristallenem Quell durchrieselte" Moritzgrotte anlegen, von der eine Art von Kaskade zum Schloß herunterführte. Es ist die später mit Figuren der Unterwelt ausgestattete „Plutogrotte" (vgl. den Plan). Landgraf Karl (1670—1730), (siehe das Porträt gegenüber dem Titel), faßte den großen Plan, die Kaskaden vom Rande des Habichtswaldes herunterzuführen; eine Reise nach Italien im Winter 1699/1700, auf der die Villen in Frascati und Tivoli mit ihren Wasserkünsten und die Wasserfälle von Terni eingehend besichtigt wurden, bereicherte die Anschauung des Bauherrn und gab seinen Gedanken fest umrissene Gestalt. 1701 berief er den römischen Baumeister Giovanni Francesco Guerniero, der bis 1715 die Arbeiten an den Kaskaden des nunmehr so benannten „Karlsberges" leitete.

Wie die von Guerniero herausgegebenen Stiche zeigen, war eine fortlaufende Kaskadenreihe vom oberen Bergrand bis zum Schloß herunter, das im Stil der italienischen Villen neu erbaut werden sollte, geplant. Dieser riesenhafte Plan überstieg offenbar die finanziellen Kräfte des Landgrafen; es kam nur der obere Teil der Wasserkünste zur Ausführung, der in allem wesentlichen noch heute erhalten ist (Tafel 15).

Die Krönung des Ganzen bildet das als Ursprung der Wasserkräfte gedachte Riesenschloß (Oktogon) mit der Figur des Herkules, die das Wahrzeichen des Casseler Landes geworden ist. Das Oktogon ist ebenso wie die gesamten Kaskadenanlagen aus leicht verwitterndem Tuffstein gebaut und hat deshalb allmählich viele Verstärkungsbauten erhalten, die den ursprünglich leichten Bau (Abb. 1) zu einer plumpen Steinmasse gemacht haben. Die Bronzenachbildung des Farnesischen Herkules, die auf der Pyramide des Oktogons steht, ist ein Werk des Augsburger Goldschmieds Joh. Jacob Anthoni (1717 vollendet).

Unter dem Oktogon betreiben die Wasser, die aus den hinter dem Karlsberg liegenden Hochtälern des Habichtswaldes durch Behälter gesammelt, also nirgends künstlich gehoben werden, zunächst die Wasserkünste in und vor der Polyphem-(Vexierwasser-)grotte. In der Mittelnische der Grotte sitzt Polyphem und bläst auf einer Hirtenflöte (früher wurden durch eine 1778 gesetzte Wasserorgel Töne hervorgebracht), zu beiden Seiten stehen die Statuen des Todes und des Neides; aus den im Boden versenkten Röhren bespritzen feine Wasserstrahlen den ganzen Raum mit Ausnahme eines kleinen Fleckes. Vor der Grotte liegt ein Becken mit dem Artischockenspringbrunnen. Das Wasser fällt unterhalb der Vexier-Wassergrotte über künstlich aufgebaute Felsmassen in das Riesenkopfbassin, in dem aus dem Munde eines unter den Felsen begraben liegenden Giganten eine Fontäne aufsteigt; in den Grotten hinter dem Bassin stehen ein Triton und ein Kentaur, deren Hörner durch den Luftdruck des herunterfallenden Wassers ertönen. Unter dem Riesenkopfbassin brechen die eigentlichen Kaskaden hervor, die — mehrfach von Terrassen mit Bassins unterbrochen — mit 6 m hohem Fall in das Becken vor der Neptunsgrotte (Neptunbassin) münden, das den Endpunkt der Kaskadenanlagen des Landgrafen Karl bildet.

Die auf halber Höhe zwischen dem Neptunbassin und dem Schloß liegende Plutogrotte wurde mit Benutzung der obenerwähnten alten Moritzgrotte von dem Landgrafen Friedrich II. (1760—1785) gebaut, der nach Beendigung des Siebenjährigen Krieges die Fortführung der Anlagen Karls in Angriff nahm. „Man wird", so schreibt ein Chronist 1767, „den vor dem Neptun-Bassin befindlichen großen wüsten Platz nunmehr zu einer Ebene in der Form eines Ovals machen und mit doppelten Alleen versehen. Von da an soll eine breite Allee den Berg herab nach der gegenwärtig ganz zerfallenen Moritzgrotten führen, welche nach der neuesten Art mit Sinnbildern aus der Mythologie ausgezieret, und auswendig auf Felsenart neu erbauet wird. Vor diese Grotte kommen zwey Bassins, aus deren oberen die Wasser in das untere mittelst dreyer Caskaden herabstürzen. Vor diesem letzteren Bassin gehet sodann eine 200 Fuß breite, mehrenteils durch 40 Fuß hohe Wackerfelsen gebrochene Allee zu dem am Fuße des Berges neu verfertigten großen Bassin ..." Die Plutogrotte, heute nur bemerkenswert wegen der in den Seitennischen aufgestellten beiden Meermonstra Nahls aus Wilhelmstal, erregte im 18. Jahrhundert das besondere Interesse der Besucher. Sie „zeigte das Reich der Unterwelt nach den Vorstellungen der heidnischen Mythologie. Zunächst beym Eingange in der Grotte stand Herkules, mit geschwungener Keule den ihm den Eingang verwehrenden Cerberus zurücktreibend. Mitten im Hintergrunde der Grotte saß Pluto, der König der Unterwelt mit seiner Gemahlin Proserpina auf einem Krötenthrone. Zu seiner rechten waren Minos, Rhadamantus und Aeakos, die Richter im Reiche der Schatten. Ferner erblickte man darin den Tantalus, bis an den Hals im Wasser und über ihm den mit reifen Früchten belasteten Baum und dennoch von wütendem Hunger und Durste gemartert; den aufs Rad geschmiedeten und ewig herumgewirbelten Ixion"; ferner Sisyphus, Tityus und die Danaiden. Die grausige Unterweltstimmung sollte durch Fenster und Türen aus feuerfarbigem Glase erzeugt werden. Ähnlichen Charakter hatten die übrigen neuen Anlagen F r i e d r i c h s II. „Man hat die Zeiten des Homer und Virgil zurückgeführt", so beschreibt Hirschfeld 1785 die neuen Anlagen auf dem Weißenstein, „eine Menge von Vorstellungen der alten Welt ist in Statuen und Gemälden erneuert; und die Fabeln der Dichter sind in täuschenden Gestalten wieder aufgestellt. Götter der ersten Größe und Halbgötter wohnen hier unter den Sterblichen; und neben den elysischen Feldern hat auch Pluto sein Reich mit allen seinen

Abb. 2 Die Eremitage des Sokrates um 1790

Ungeheuern eröffnet. Den Göttern sind hier Tempel, den Philosophen Griechenlands Einsiedeleyen und selbst den Zauberinnen Höhlen erbauet. Man hat nicht bloß das Grabmal des Virgil erneuert, man ist selbst in die grauen Jahrhunderte der Pyramiden Egyptens zurückgestiegen. Noch mehr. Man glaubte selbst aus den Romanen der Ritterzeiten, aus den Gedichten des Tasso schöpfen zu dürfen; und Armide hat hier nicht allein ihren Palast, sondern auch ihre Gärten wiedergefunden. Noch nicht genug. Der Türke erblickt hier seine schöngebaute Moschee, und der Chineser seine Pagode und sein Dorf." Die meisten dieser Anlagen sind heute verschwunden; erhalten sind aus der Zeit Friedrichs II. (vgl. den Plan) außer dem chinesischen Dorf Mulang mit der Pagode und den Resten der Plutogrotte das Grab des Vergil und die Cestiuspyramide, der Merkurtempel (mit Merkurstatue von Heyd 1784), die Sibyllengrotte, südöstlich unterhalb der Plutogrotte, und die Eremitage des Sokrates (Abb. 2), die einzige der uns erhaltenen Einsiedeleien im „Tal der Philosophen", das Hirschfelds besonderen Beifall fand: „Man wird in der That von Verwunderung und Ehrfurcht erfüllt, indem man hier von einer Wohnung zur andern, die so viele abgesonderte Einsiedeleyen sind, fortgeht, und bey dem Eröffnen der Thüre bald diesen, bald jenen griechischen Weisen in Lebensgröße natürlich abgebildet, und nach dem Kostum bekleidet, sitzen sieht, in einer Beschäftigung, die ihn charakterisirt. Plato unterrichtet seine Schüler; Sokrates liest im Gefängniss; alle übrige erscheinen in ihren liebsten Studien. Man sieht hier den Pythagoras, den Heraclit, den Anaxagoras, den Democrit, der die Natur so fleißig studierte, und ganze Tage allein in einem kleinen Gartenhause zubrachte. Jeder hat sein besonderes Haus, und selbst Diogenes seine Tonne; doch diesen sonderbaren Mann möchte ich mit seinem Fass etwas seitwärts ins Gebüsch wälzen."

Die Arbeiten an der Fortsetzung der Gartenanlagen wurden durch den Tod des Landgrafen Friedrich II. unterbrochen. Sein Nachfolger, Wilhelm IX. (1785—1821, seit 1803 Kurfürst Wilhelm I.), hatte eine ähnliche Abneigung gegen die französische Kunst wie der Nachfolger König Friedrichs II. in Preußen und beeilte sich, die angefangenen Anlagen zu beseitigen oder von Grund aus umzugestalten. „Mein seliger Vater", erzählt er in seinen Memoiren, „hatte mir diesen schönen Flecken Erde in einem traurigen Zustand der Unordnung hinterlassen. Seit 25 Jahren arbeitete man hier überall ohne einen bestimmten Plan. Kaum hatte man an einem Ende des Parkes eine Arbeit in Angriff genommen, so tauchte eine neue Idee für das andere Ende auf, die wieder Gelegenheit bot, irgend etwas neues anzufangen, um dessen Ausführung sich in Wirklichkeit doch niemand richtig kümmerte. Rechts und links hatte man die schönsten Eichen und Buchen niedergehauen, Symbole vergangener Jahrhunderte, von denen sie zuweilen mehr als fünf gesehn hatten, ohne daß man wußte, warum das geschah. Seit 1783 hatte ich das alles mitangesehn, ebenso wie die Anhäufung von falschen und schlechten Bildwerken, und ich entschloß mich schon damals, einen vernünftigen Plan einer Neugestaltung zu entwerfen."

„Bereits im Monate November 1785", berichtet der Chronist der Umgestaltung des Weißensteins durch Wilhelm IX. (Strieder), „gedieh der Plan für die heroische Umgestaltung des Ganzen zur Ausführung. An dem Orte, wo vorher die 5 reguläre Teiche waren, wurde mit Ausgraben des Damms zu dem jetzigen Lac der Anfang gemacht. Alle auf Holz gemalte überall in den verschiedenen Partien aufgestellte mythologische Bilder wurden über die Seite geschafft." In derselben Weise wurden alle Reste der spielerischen Mythologie des Rokoko beseitigt und durch „heroische" Gestaltungen ersetzt, ferner grundsätzlich alle regelmäßigen Formen der Wasserbecken, Baumpflanzungen, Wege usw. durch unregelmäßige, „natürliche" ersetzt (vgl. den Ausschnitt aus dem Gartenplan von 1800 Abb. 4 mit der nebenstehenden Abb. 3); der Park wurde nach englischem Geschmack zum Landschaftspark umgewandelt und erhielt den Charakter, den er bis jetzt bewahrt hat. Nur die Kaskaden mit dem Oktogon blieben vor der Umgestaltung bewahrt und beherrschen noch heute das Ganze. Man kann bedauern, daß der große Grundgedanke der Anlage dem kleinlich schwächlichen Vorhaben zum Opfer gefallen ist, der künstlichen Gestaltung der Natur „natürliche" Formen geben zu wollen; doch hat im vergangenen Jahrhundert der ziemlich ungehinderte Baumwuchs die Kleinlichkeiten des alten Plans verwischt, und in den herrlichen Solitärbäumen und Baumgruppen ist in Wilhelmshöhe einer der besten Gedanken des englischen Gartenstils verwirklicht.

Die Wasserkünste im unteren Teil des Parks wurden im Stil des englischen Gartens verändert und wesentlich erweitert (vgl. den Plan). In der nächsten Umgebung des Schlosses hatte Jussow — abgesehen von den Arbeiten am Lac, der im Herbst 1791 zum erstenmal mit Wasser gefüllt werden konnte — bereits 1786 mit der Erweiterung und Unregel-

Abb. 3
Die Weißensteiner Anlagen um 1780

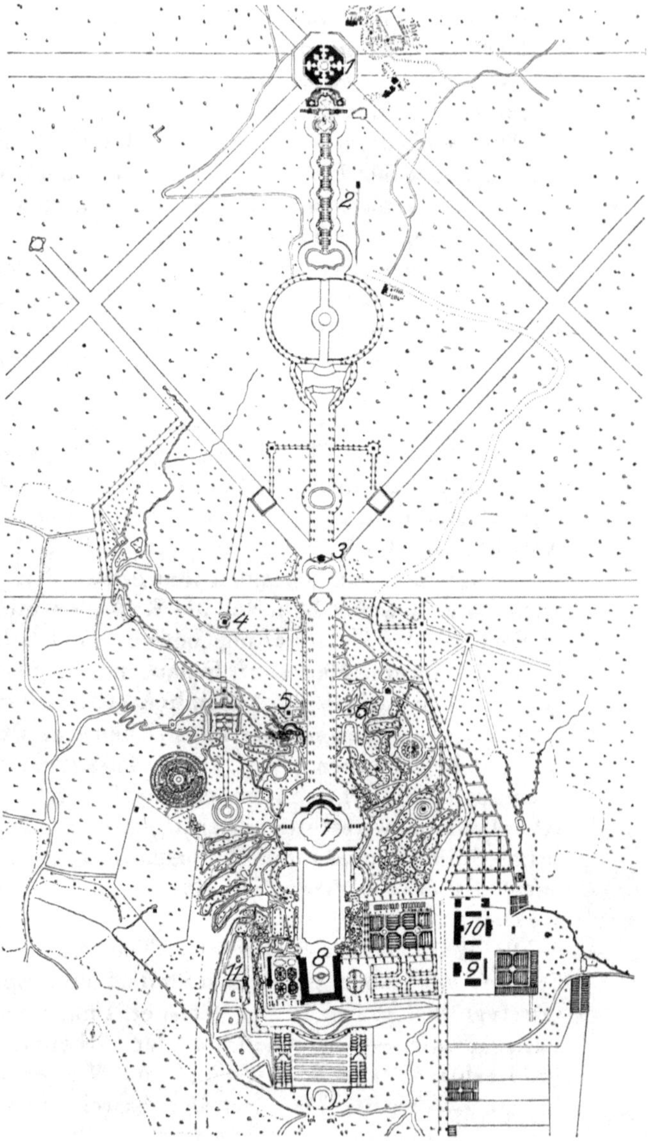

1 **Oktogon**
2 **Kaskaden**
3 **Plutogrotte**
4 **Eremitage des Sokrates**
5 **Cestiuspyramide**
6 **Grabmal des Vergil**
7 **Fontänenbassin**
8 **Altes Schloß**
9 **Gasthof**
10 **Marstall**
11 **Fischteiche**

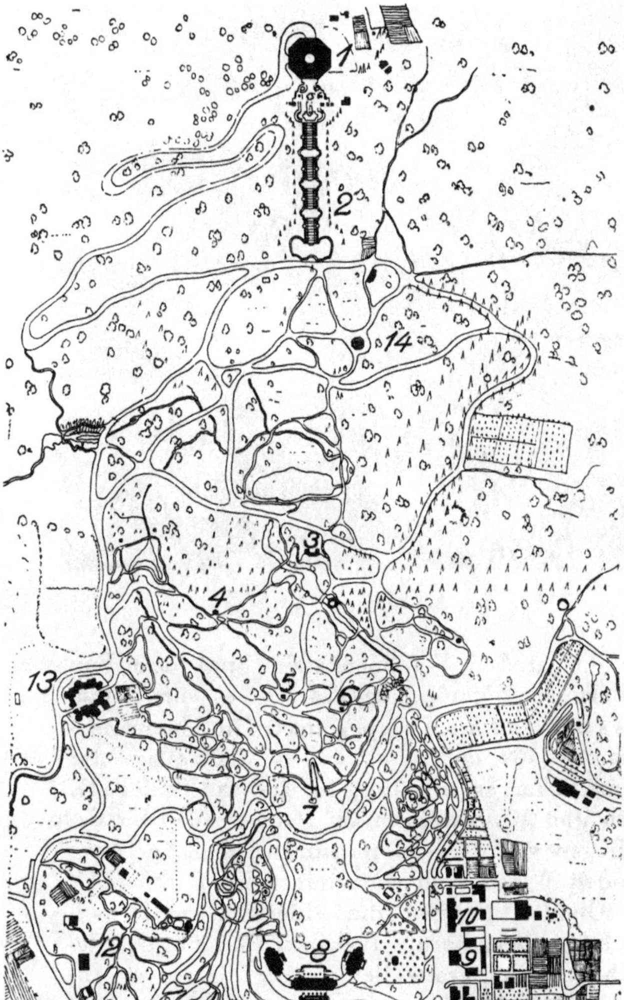

Abb. 4
Die Wilhelmshöher Anlagen um 1800

1 **Oktogon**
2 **Kaskaden**
3 **Plutogrotte**
4 **Eremitage des Sokrates**
5 **Cestiuspyramide**
6 **Grabmal des Vergil**
7 **Fontänenteich**
8 **Neues Schloß**
9 **Gasthof**
10 **Marstall**
11 **Lac**
12 **Mulang**
13 **Löwenburg**
14 **Felseneck**

Abb. 5 Der Aquädukt, 1798

mäßigmachung des großen Fontänenbassins und dem Bau einer wasserfallartigen Einmündung des Baches vom Aquädukt her (Jussowkaskade) begonnen; im Zusammenhang damit wurde 1789 die große Fontäne aus der Mitte des Bassins näher an den Berg zu gerückt (Tafel 14).

Die Kaskaden und Wasserkünste im Park wurden bis dahin im wesentlichen von dem im Bassin auf dem Karlsberg sich ansammelnden Wasser und von einigen im Parkbereich entspringenden Quellen gespeist; die Ableitung des Druselbaches um den Hüttenberg herum (vgl. den Plan) in das Reservoir oberhalb der Plutogrotte lieferte für die neuen Anlagen im unteren Teil des Parkes das Wasser. Bereits 1788 wurde der Aquädukt begonnen, nach Ideen Jussows, Früchten seiner eben vollendeten italienischen Reise; der Aquädukt wurde am Himmelfahrtstage 1792 zum erstenmal für das Pu-

Abb. 6 Die Teufelsbrücke, 1796

blikum angelassen (Abb. 5). Ebenfalls nach Plänen Jussows entstand 1791—93 der Wasserfall nahe der Plutogrotte mit der T e u f e l s b r ü c k e darüber (Abb. 6); an der Zuleitung des Druselbachs in das Reservoir über der Grotte entstand „zufallsweise“ der Waldwassersturz (S t e i n h ö f e r s c h e r W a s s e r f a l l). „Auf der Stelle,“ berichtet Strieder, „allwo der Bach sich den Berg herabstürzen mußte, wurde das Ufer des Bergs mit Basaltwacken gepflastert, um das Einreißen und Ausspülen des Wassers zu verhindern. Da dieser Abfall oder Sturz eine schöne Wirkung macht, so ist derselbe noch mehr verbessert und ganz schicklich mit zur Anlage durch einen bequem dahin geführten Weg gezogen worden.“ 1794 wurde ein Pavillon unterhalb der Kaskaden, das sogenannte F e l s e n e c k, erbaut (Abb. 8).

Die eingreifendste Veränderung aber in der Neugestaltung

Abb. 7 Der Schloßneubau und das Dorf Mulang, 1791

unter Wilhelm IX. war die Abtragung des alten, von Friedrich II. kürzlich ausgebauten Weißensteiner Schlosses und die Errichtung des n e u e n S c h l o s s e s W i l h e l m s h ö h e von 1786—1801 (s. Abschnitt II). Während bei dem Schloßbau schließlich der strenge Klassizismus der französischen Schule gegen die romantisch-phantastischen Pläne eines Ruinenbaues sich durchsetzte, fand die Ruinenromantik in der von Jussow entworfenen L ö w e n b u r g (1794—1798, s. Abschnitt III) ihren vollendeten Ausdruck. Mit der Vollendung des neuen Schlosses 1801 war die Bautätigkeit Wilhelms IX. in Wilhelmshöhe in der Hauptsache zu Ende; die französische Zeit 1807—13 brachte für die Gartenanlagen keine erwähnenswerten Neuerungen; aus der Zeit nach der Rückkehr des Kurfürsten stammen nur der stark ins Auge fallende Rundtempel am Fontänenteiche (1817/18, nach Entwürfen von Jussow, vgl. Tafel 14) und die Säulenhalle am Bowlinggreen. Erst 1826—28 entstand unter dem Kurfürsten Wilhelm II. noch eine bemerkenswerte neue Kaskadenanlage, der Neue Wasserfall im Tal nördlich des Aquädukts; 1822 hatte der Kurfürst durch Bromeis das — später etwas umgebaute — Gewächshaus errichten lassen. Seitdem sind, nunmehr 100 Jahre lang, die Wilhelmshöher Gartenanlagen in ihren Grundzügen unverändert geblieben.

Abb. 8 Das Felseneck mit Blick auf die Löwenburg, 1797

Abb. 9 **Landgraf Wilhelm IX., Schabkunstblatt von Westermeyer, 1791**

Abb. 10 Der Mittelbau des Schlosses Weißenstein um 1770

II
DAS SCHLOSS

(Tafel 1—12)

Das Schloß Weißenstein, das bis zur Umgestaltung der Weißensteiner Anlagen durch Wilhelm IX. bestand, war das ausgebaute Jagdschloß des Landgrafen Moritz. Aus alten Ansichten ist es uns bekannt; Abb. 10 zeigt die Front des Hauptgebäudes gegen die Kaskaden nach einer Ansicht aus dem Jahre 1770. Abb. 11 gibt eine Ansicht des Schlosses mit den Nebenanlagen während des Abbruchs des südlichen Flügels 1786; der Standpunkt ist jenseits des jetzigen Lac; Abb. 12 gibt vom gleichen Standpunkt aus die Ansicht der Neubauten mit dem Lac 10 Jahre später.

Den Neubau des Schlosses nahm Wilhelm IX. sogleich nach seinem Regierungsantritt in Angriff; aus dem

Abb. 11 Der Abbruch des alten Schlosses Weißenstein 1786

Jahre 1785 sind uns Entwürfe des französischen Hofarchitekten Wailly erhalten; und im Winter 1785/86 muß bereits festgestanden haben, daß die beiden Seitenflügel des Schlosses in der jetzigen Form, nach dem Entwurfe des Oberbaudirektors Simon Louis du Ry, errichtet werden sollten; denn der Abbruch der alten Schloßflügel begann im April, die Ausgrabung des Fundamentes zum neuen Südflügel im Mai 1786. Ob ein Mittelbau aufgeführt werden sollte, ist anscheinend lange zweifelhaft gewesen; zu der regelauflösenden Tendenz des englischen Gartenstils hätte es besser gepaßt, wenn die Mittelachse der Gartenanlage keinen festen Abschluß erhalten hätte, wenn vielmehr zwei — womöglich im Ruinenstil gehaltene — Gebäude als Kulissen neben der Hauptachse gestanden hätten. Erst 1791 entschloß sich der Landgraf, den uns selbstverständlich erscheinenden ursprünglichen Entwurf du Rys mit einigen von Jussow vorgeschla-

Abb. 12 Die Neubauten auf Weißenstein um 1796

genen Änderungen auszuführen. Strieder berichtet: „Nachdem von allen den Projecten und Vorschlägen, wie ein zwischen den zwey Schloßflügeln anzulegendes Hauptgebäude anzuordnen, oder der Platz einstweilen auszufüllen und zu decoriren seyn möchte, bisher keins die Höchste Approbation erhalten hatte, hierauf aber nach dem Vorschlage des Bau-Inspectors Jussow der höchste Entschluß dahin ausgefallen, daß ein Corps de Logis zwar auch nach Jonischer Ordnung, aber nach einer veränderten und größeren der Gegend angemesseneren Architectur, als jene der Flügel ist, und wodurch die allda im rez de Chaussée nothwendig gewordene dicke Mauern vermieden werden könnten, erbauet werden sollte; so wurde am 22. November (1791) bereits angefangen, den Bauplatz mit einer Dielenwand einzuschließen, am 5. December aber zum Ausgraben des Fundaments geschritten.“ Der Mittelbau des alten Schlosses war bereits im Winter 1790/91 abgebrochen

Abb. 13 Die Schloßgebäude zu Wilhelmshöhe um 1800

worden, nachdem der Landgraf in dem 1789 vollendeten Süd-(Weißenstein-)flügel des Neubaus Wohnung genommen hatte. Der Nord-(Kirch-)flügel wurde im April 1788 begonnen und 1792 bewohnbar fertiggestellt. Das Hauptgebäude nahm längere Zeit in Anspruch; erst im Sommer 1799, als der König von Preußen den Landgrafen besuchte, war es im Äußern vollendet; die Inschrift „Wilhelmshöhe" war schon im vorhergehenden Jahre angebracht worden; der Innenausbau und die Möblierung dauerten bis in das Jahr 1800.

Eine etwa 1800 entstandene Zeichnung Jussows gibt eine Ansicht der drei Schloßgebäude um 1800 von der Casseler Seite (Abb. 13). Ein Vergleich mit dem gegenwärtigen Zustande (s. Tafel 2 und 3) zeigt, welche einschneidende Veränderung der Schloßbau seitdem erlitten hat. Die drei Gebäude waren nur durch zwei in der Ebene des Erdgeschosses geführte Terrassen verbunden, über die hinweg man von dem Platz vor der Kaskadenfront den freien Ausblick in die Ebene hatte. Bereits Jerome überbaute aus praktischen Gründen die Terrassen bis zur Höhe des ersten Stockwerks, eine Veränderung, die der zurückgekehrte Kurfürst beibehielt und die den Charakter des Ganzen nicht wesentlich veränderte. 1829 wurde die Erhöhung der Verbindungsbauten fast bis zur Höhe der Hauptbauten ausgeführt, die den heutigen schwerfälligen, festungsartigen Eindruck des Baues hervorruft (Tafeln 2—6). Nach diesem sehr bedauerlichen Eingriff, der den ursprünglichen Charakter der Gesamtanlage vernichtet hat, sind Umbauten, die das Äußere des Schlosses veränderten, auch unter preußischer Herrschaft nicht vorgekommen.

Unter den hessischen Kurfürsten, die das Schloß Wilhelmshöhe bewohnt haben, war keine bedeutende Persönlichkeit, die den Wohnräumen ein persönliches geschichtliches Gepräge gegeben hätte. Wilhelm (IX.) I., der Erbauer des Schlosses, der — abgesehen von der Zeit der französischen Herrschaft 1807—13 — von 1790—1820 Wilhelmshöhe regelmäßig bewohnte (sein Porträt Abb. 9), ist in der Geschichte der deutschen Staaten nicht besonders rühmlich bekannt geworden. Auch sein wohlwollendster Biograph muß feststellen, daß ihm irgendwelche außergewöhnlichen Gaben des Geistes oder des Charakters fehlten; „er war kein Ideal eines regierenden Herrn, aber auch nicht der Tyrann und Sultan, den manche aus ihm gemacht haben". Seit 1764 war er mit Caroline, Tochter des Königs Friedrich V. von Dänemark, vermählt, deren Jugendbildnis im Schloß Wilhelmshöhe mehrfach vorhanden ist. Das Verhältnis der Ehegatten hatte sich schon zur Zeit der Regentschaft in Hanau getrübt; seit der Übersiedelung nach Cassel, kurz nach dem Regierungsantritt des Gemahls als Landgraf (1785), führte die Landgräfin getrennten Haushalt und hat nie in Wilhelmshöhe gewohnt. Dagegen wohnte im Schloß Wilhelmshöhe die Freiin von Schlotheim, spätere Gräfin Hessenstein, seit 1788 Favoritin des Landgrafen. Daß sie dem Landgrafen mehr als 20 Kinder schenkte, wie mehrfach berichtet wird, erscheint zweifelhaft; Geburts- und Todesdaten von 12 Kindern sind bekannt.

Kurfürst Wilhelm I. hinterließ nur einen einzigen legitimen Sohn, Wilhelm II. (1821—47, 1831 von der Regierung zu-

Abb. 14 Porträtbüste der Gräfin Reichenbach

rückgetreten). Wilhelm II. war seit 1796 mit Auguste, Tochter Friedrich Wilhelms II. von Preußen, vermählt, hatte sich jedoch bereits als Erbprinz von seiner Gemahlin getrennt. Seine Regierungszeit „läßt sich kurz, aber vollkommen erschöpfend als die der Gräfin Reichenbach bezeichnen. Während die Truppen dem neuen Kurfürsten den Eid der Treue leisteten, wurde vor deren Augen der Torus der Favoritin, die damals noch ihren Familiennamen Ortlöpp führte, in das Residenzschloß getragen, und als diese nach 10jähriger Herrschaft endlich gestürzt wurde, stieg ihr Freund freiwillig mit ihr vom Throne. Mit dieser Dame erreichte die hessische Mätressenwirtschaft ihren Höhepunkt".

Im Gegensatz zur Gräfin Hessenstein, die sich bescheiden zurückgehalten hatte, übte die Reichenbach einen bedeutenden Einfluß auf die Regierungsgeschäfte aus, den sie für eigene Zwecke in bedrückender Weise mißbrauchte. „Es war, als ob sich ein zerstörender Nachtfrost über die Gesellschaft ausbreitete," schreibt der Casseler Akademiedirektor Ludwig Ruhl, „nur die völlig Unabhängigen blieben von Unannehmlichkeiten, die den minder Sichergestellten bereitet wurden, unberührt, aber sie standen auch, wie alle, die sich nicht beugen wollten, isoliert. Ich habe Männer, die heranwachsende Söhne zu versorgen hatten und weniger eigenes Vermögen besaßen, bei dem Namen der Gräfin Reichenbach blaß werden sehen und es ihnen nicht verdenken können" (das Porträt der Gräfin Abb. 14).

Die durchgreifende Neuaustattung des Schlosses Wilhelmshöhe seit 1822 geschah für die Gräfin Reichenbach. 1823 spielte die bekannte Drohbriefaffäre; zweifellos veranlaßte das Gefühl der Bedrohtheit den Kurfürsten auch zur Erhöhung der Verbindungsbauten, die eine festungsartige Abschließung des Schlosses ermöglichte. Als Wilhelm II. seinem Sohn die Regierung übergab (1831), verließ er Cassel und siedelte nach Hanau über. Die morganatische Gemahlin seines Nachfolgers Friedrich Wilhelm (Mitregent seit 1831, Kurfürst seit dem Tode seines Vaters 1847) war wohl die einzige

legitime Gattin der hessischen Kurfürsten, die das Schloß Wilhelmshöhe bewohnt hat. Am 31. Juli 1866 verließ infolge des verlorenen Krieges mit Preußen der letzte Kurfürst von Hessen Wilhelmshöhe.
1868 wurden durch Gesetz die Schlösser in der Gegend von Cassel, darunter auch Wilhelmshöhe, der Krone Preußen zur Benutzung überwiesen. Es ist bekannt, daß Kaiser Napoleon seine Gefangenschaft 1870/71 in Wilhelmshöhe verbrachte. Dem preußischen Hof diente das Schloß seit dem Ende des 19. Jahrhunderts regelmäßig als Sommerresidenz.

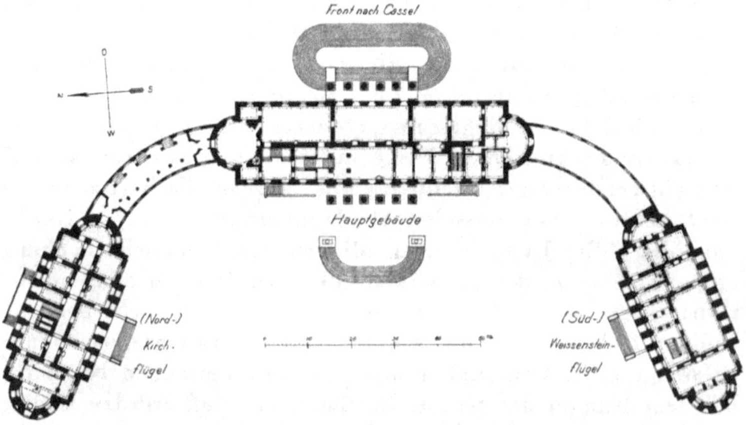

Plan des Schlosses nach einem Grundriß von J. Ruhl, 1816

Steht man auf der Parkseite des Schlosses, der Innenseite des Bogens, den die Schloßgebäude heute bilden, so hat man zur Linken den Kirchflügel, zur Rechten den Weißenstein, die beide in allen Stockwerken mit dem in der Mitte gelegenen Hauptgebäude durch die schmucklosen Verbindungsbauten zusammenhängen. Der nach Norden gelegene Kirchflügel (vgl. den obenstehenden Grundriß von 1816) enthielt seit seiner Erbauung die einfach ausgestattete Kirche, die Gefolgewohnungen und im Souterrain die Wirtschaftsräume. Die Zweckbestimmung dieses Flügels ist im Laufe der

Zeit nicht geändert worden; dagegen haben der Weißensteinflügel und der Hauptbau allmählich ihre Zweckbestimmung vertauscht. In dem zuerst erbauten Weißensteinflügel wurde 1789 die kostbar ausgestattete Wohnung des Landgrafen eingerichtet; die Ausstattung, die der Mittelbau nach seiner Vollendung 12 Jahre später erhielt, ist im Vergleich zum Weißenstein bescheiden zu nennen, und es scheint, als ob der Erbauer auch später die behaglicheren, nach Süden gelegenen Wohnräume des Weißensteins der in den damaligen Beschreibungen sogenannten „Kurfürstlichen Wohnung" im Erdgeschoß des Hauptbaues vorgezogen hat. Erst zu Jeromes Zeiten wurden die Papiertapeten und geweißten Decken im Erdgeschoß des Hauptgebäudes durch eine reichere Ausstattung ersetzt und die zur Bewirtschaftung unentbehrliche, durch alle Geschosse führende Nebentreppe angelegt. Kurfürst Wilhelm II. erneuerte die Innenausstattung des Hauptgebäudes seit 1822 in prunkvollster Weise und machte das Hauptgebäude endgültig zur kurfürstlichen Wohnung, während der Weißenstein vernachlässigt wurde. Infolge dieser Entwicklung haben sich im Wilhelmshöher Schloß Innenausstattungen aus verschiedenen Stilperioden erhalten. Die Dekoration der Innenräume des Weißensteinflügels stammt, mit Ausnahme des 1825 eingebauten Marmorbades im Erdgeschosse, aus der Zeit der Erbauung und ist dementsprechend noch in den Formen des Zopfstils gehalten; die besten Stücke der Mobiliarausstattung sind jetzt in Wilhelmstal.

Im Hauptgebäude ist die dem Weißensteinflügel ähnliche ursprüngliche Mobiliarausstattung fast ganz durch Gegenstände aus der Empirezeit ersetzt worden, und die wandfesten Dekorationen zeigen in den meisten Räumen den Stil des kalten, erfindungsarmen späten Empire um 1825; nur einige Räume im Erdgeschoß haben Dekorationen aus der Zeit um 1810, den Charakter der ursprünglichen Ausstattung von 1801 zeigt nur der Rangesche Saal im ersten Obergeschoß.

Der durch Um- und Einbauten für moderne Wohnungsbedürfnisse im Innern stark beeinträchtigte Weißensteinflügel

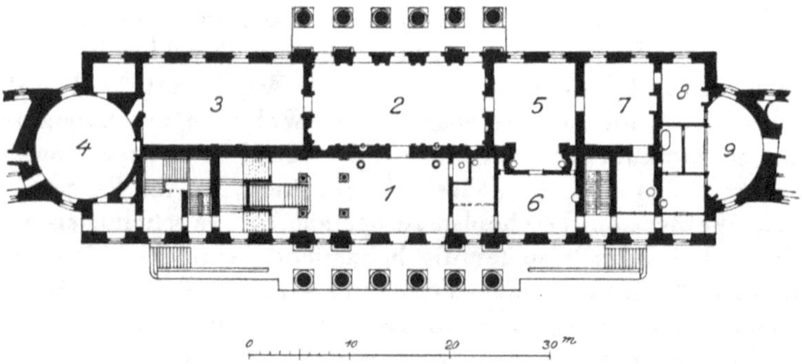

Hauptgebäude, Grundriß des Erdgeschosses

1 Vestibül	4 Runder Speisesaal	7 Bibliothek
2 Marmorsaal	5 Audienzzimmer	8 Schreibkabinett
3 Grüne Galerie	6 Jagdzimmer	9 Schlafzimmer

ist gegenwärtig noch nicht geöffnet; nur der Hauptbau ist für die öffentliche Besichtigung zugänglich, sodaß der Besucher des Schlosses im wesentlichen den Eindruck der Zeit des Kurfürsten Wilhelm II. erhält. Auf das Hauptgebäude beschränkt sich die nachfolgende kurze Beschreibung.

Das Erdgeschoß des Hauptgebäudes (Grundriß obenstehend) enthält nur eine große Wohnung, deren Haupträume an der Casseler Front, nach Osten, liegen: In der Mitte der Marmorsaal (Raum Nr. 2), daran nach Norden anschließend die Grüne Galerie (Raum Nr. 3, ursprünglich 2 „Gesellschaftszimmer") und der runde Speisesaal (Nr. 4) mit Nebenräumen, nach Süden an den Marmorsaal anschließend 3 Wohnzimmer (Nr. 5, 7, 8) und im Halbrund das Schlafzimmer (Nr. 9) mit Nebenräumen. Das erste Stockwerk (Grundriß S. 32) enthält zwei Wohnungen: Im südlichen und nördlichen Rondell die Schlafzimmer (Nr. 12 und 22), daran anschließend an der Front nach Cassel die Wohnzimmer, in der Mitte des Gebäudes die gemeinsamen Repräsentationsräume, ein Vorzimmer (Nr. 17), den Speisesaal (Nr. 18) und über dem Marmorsaal des Erdgeschosses den großen Festsaal Nr. 16). Im zweiten Stockwerk, das in der preußischen Zeit zu Gefolgewohnungen eingerichtet wurde, befand sich zu hessischer Zeit die sehr reiche kurfürstliche Bibliothek. In der Kuppel befindet sich die (früher, bis zur Errichtung der neuen Verbindungsbauten, im Verbindungsgang zwischen Weißenstein und Hauptgebäude untergebrachte) Galerie der hessischen Landgrafen und Kurfürsten.

Man betritt das Erdgeschoß von der Parkseite aus durch das Vestibül (Raum Nr. 1 im nebenstehenden Grundriß), aus dem die Haupttreppe in das obere Stockwerk führt (Tafel 7). Die einfache Ausstattung der Wände und der Decken stammt aus der Zeit um 1823; nur die Isispriester auf den Öfen waren schon zur Zeit Jeromes hier aufgestellt. An den Wänden hängen die Porträts des Landgrafen Karl (1670 bis 1730), des Landgrafen Friedrich I. (1730—1751, zugleich König von Schweden), des Landgrafen Wilhelm VIII. (1751 bis 1760) und des Erbauers des Schlosses, Wilhelm IX. (1785 bis 1821, seit 1803 Kurfürst Wilhelm I.).

Aus dem Vestibül tritt man in den Hauptsaal des Erdgeschosses, den Marmorsaal (Raum Nr. 2), aus dessen Fenstern man den Blick über Cassel hat. Die jetzige Dekoration der Wände, Türen und Decken stammt aus der Zeit Jeromes; vor 1807 waren die Wände mit Papiertapeten beklebt und die Decke geweißt, mit einer Papierrosette in der Mitte. Auf das napoleonische Empire weisen die Ornamentmotive, der Adler, der Stern, das Blitzbündel, die Lorbeerzweige. In den Nischen an den Schmalseiten stehen 4 Statuen, mit Ausnahme der Canovaschen Hebe im Zusammenhang mit der neuen Dekoration hier aufgestellt. Die beiden Marmorvasen an der Fensterseite gehören jedoch zum kurfürstlichen Besitz von 1804. Die Blumentische vor den Fenstern (Casseler Arbeit) und die Wandarme stammen aus französischer Zeit; die Konsoltische zu beiden Seiten der mittleren Fenstertür sind Arbeiten des Ebenisten Molitor in Paris; Pariser Arbeit ist auch der Blumentisch in der Mitte. Das übrige Mobiliar stammt meist aus der Zeit des Kurfürsten Wilhelm II. (an den Gardinenstangen seine Initialen).

Abb. 15 Landgräfin Philippine, Bildnis von J. H. Tischbein, 1773

Der nach Norden folgende Saal (Grüne Galerie, Raum Nr. 3, Tafel 8) ist zur Zeit Jeromes aus zwei Salons des ursprünglichen Baues entstanden, hat aber seine heutige Wand- und Deckendekoration erst 1826 erhalten. Die Gemälde hingen in der Hauptsache bereits 1824 hier: an der Schmalwand dem Eingang gegenüber zwei Bilder aus der Alcestissage von Johann Heinrich Tischbein (1775 und 1780); an der Hauptwand Merkur und Venus mit Amor von Luti und eine Caritas von Franceschini, im übrigen an dieser sowie an der Eingangswand Tierstücke von Oudry (1739). An der Fensterwand hängen jetzt zwei Bilder hessischer Maler aus der Zeit Wilhelms I., die Brautwerbung des Odysseus von J. August Nahl und Mars und Venus von W. Böttner. Die vier vergoldeten Kandelaber sind anscheinend Casseler Arbeit aus der Zeit Jeromes.

Durch einen mit Spiegelglas verkleideten Durchgang tritt man in den runden Speisesaal (Nr. 4, Tafel 9). Die Dekoration der Wände und die feinen Stuckarbeiten der Decke stammen aus der Zeit Jeromes. Unter den hier aufgestellten Marmorskulpturen ist der verwundete Achilles von Joh. Chr. Ruhl hervorzuheben (entstanden in Rom 1790).

Durch die früheren Anrichteräume gelangt man aus dem runden Speisesaal über die Nebentreppe in das erste Stockwerk. Kehrt man durch die Grüne Galerie in den Marmorsaal zurück, so kommt man in die südlich anschließende Reihe der kurfürstlichen Wohnzimmer, die 1800 sämtlich bescheiden ausgestattet waren und oft verändert worden sind.

Zunächst betritt man das Audienzzimmer (Grundriß Raum 5). Die jetzige wandfeste Ausstattung, namentlich die Dekoration der dem Fenster gegenüberliegenden Nische, stammt aus der Zeit Wilhelms II. Der Konsoltisch zwischen den Fenstern ist ein bemerkenswertes Stück aus der Zeit Jeromes, von Molitor in Paris angefertigt (Abb. 16), die Pariser Stutzuhr darauf stand bereits 1790 in der Wohnung des Landgrafen im Weißenstein. An den Wänden Porträts: den Fenstern zunächst Landgraf Friedrich II. und seine zweite

Abb. 16 Pariser Konsoltisch im Audienzzimmer, um 1807

Gemahlin, Philippine von Brandenburg-Schwedt (geb. 1745, gest. 1800), beide von Johann Heinrich Tischbein d. Ä. 1773, im Jahr der Vermählung des Landgrafen, gemalt, das Porträt der Landgräfin eins seiner glänzendsten Bilder (Abb. 15); zwischen den Türen und der Nische Landgraf Wilhelm IX. von W. Böttner (1799 †) und seine Gemahlin Karoline, Prinzessin von Dänemark (geb. 1747, gest. 1820), von dem dänischen Hofmaler Pilo (um 1770 gemalt).

Aus der Nische des Audienzzimmers sieht man in das unter Kurfürst Wilhelm II. (um 1826) eingerichtete Jagdzimmer (Nr. 6), mit Waffen und einer Sammlung von monströsen Rehgehörnen aus hessischer Zeit (die Decke erst 1854 nach Entwurf von H. v. Dehn).

In der Reihe der Wohnzimmer an der Casseler Front folgt die neuerdings eingerichtete Bibliothek (Nr. 7). Sie enthält den Rest der Wilhelmshöher Büchersammlung, deren

Abb. 17 Sofa im Schreibkabinett, um 1825

Hauptbestände an die Casseler Landesbibliothek abgegeben worden sind. Der Schreibtisch stand schon 1790 in Weißenstein; das Tischchen mit der Ansicht von Wilhelmshöhe war bereits 1801 in diesem Zimmer aufgestellt; darüber hängt eine Ansicht des Wilhelmshöher Schlosses gegen Mulang zu von J. H. Tischbein. Auf dem Schreibtisch das von Goethe dem Kurfürsten übersandte Exemplar des Römischen Carneval mit dem bei dieser Gelegenheit geführten Briefwechsel.

Das folgende, nach 1823 mit Tapeten und Möbeln (Abbildung 17) neu ausgestattete Schreibkabinett (Nr. 8) enthält das merkwürdige Familienbildnis des Landgrafen Moritz mit seiner zweiten Gemahlin Juliane, Gräfin von Nassau-Siegen, und ihren 14 Kindern; es wurde im Jahre 1618 begonnen und bis 1628 durch die später geborenen Kinder vervollständigt. An der Eingangswand das ausgezeichnete Porträt des „alten Grafen von Brederoth“ (wohl Reinald II., Graf von Brederode, Vater des aus der Geschichte des Abfalls der Niederlande bekannten Grafen Heinrich von Brederode), über dem Schreibsekretär der „alte Rheingraf“, beide in der Art des Antonis Mor. Über dem Kaminspiegel eine alte Supraporte von J. H. Tischbein (Magdalena?).

Das Schlafzimmer, im südlichen Halbrund (Nr. 9), mit einer Reihe von Porträts, ist durch eine moderne Wandbespannung entstellt und hat im übrigen die einfache Dekoration von 1800 bewahrt. Die beiden Mahagonikommoden sind Möbel aus der Zeit Jeromes.

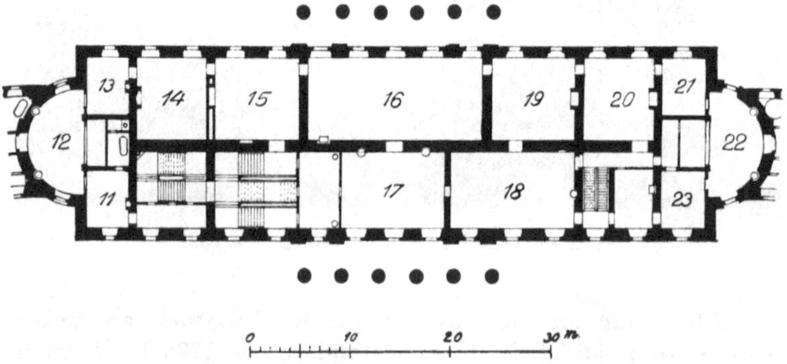

Hauptgebäude, Grundriß des ersten Stockwerks

11—15 Nördliche Wohnung:
11 Ankleidezimmer
12 Schlafzimmer
13 Schreibkabinett
14 blaues (Audienz-) Zimmer
15 grünes (Vor-) Zimmer

19—23 Südliche Wohnung:
19 rotes (Audienz-) Zimmer
20 blaues Kabinett
21 Schreibkabinett
22 Schlafzimmer
23 Ankleidezimmer

16 Großer Festsaal
17 Vor- (Presents-) Saal
18 Speisesaal (Rangescher Saal)

Das erste Stockwerk wird durch die in der Mitte liegenden Repräsentationsräume (Raum Nr. 16, 17, 18 auf dem obenstehenden Grundriß) in zwei fürstliche Wohnungen geteilt, die je drei Wohnzimmer an der Casseler Front (Nr. 13—15 und 19—21) und das Schlafzimmer im nördlichen und südlichen Halbrund haben (Nr. 12 und 22). Die Räume sind, wie oben bemerkt, fast alle unter Wilhelm II. neu dekoriert worden, so daß im ganzen der Eindruck einer fürstlichen Wohnung aus dem 3. Jahrzehnt des 19. Jahrhunderts entsteht. Teile der älteren Dekoration, namentlich Türumrahmungen, Pilastergliederungen der Wände und Gesimse, sind in die Neuausstattung übernommen worden. Auch manche Inventargegenstände stammen aus der ursprünglichen Einrichtung. Hervorzuheben ist die Reihe von Gemälden des älteren J o h. H e i n r. T i s c h b e i n (1722—1789), mit denen die Wohnzimmer jetzt ausgestattet sind; es ist der Rest der reichen Tischbein-Sammlung, die Landgraf Wilhelm IX. im großen Saale des Weißensteins und dem westlichen Rondellzimmer dort vereinigt hatte und die in den Führern durch das Schloß aus jener Zeit als die Hauptsehenswürdigkeit angeführt wird. Der im folgenden beschriebene Rundgang durch das erste Geschoß beginnt am Nordrondell mit der Wohnung, die anscheinend von der Königin Katharina von Westfalen, von der Gräfin Reichenbach und von Napoleon III. während seiner Internierung in Wilhelmshöhe benutzt worden ist.

Man betritt von der Nebentreppe aus dem Erdgeschoß zunächst das A n k l e i d e z i m m e r (Raum 11). Die gesamte jetzige, auf Blau gestimmte Ausstattung des Zimmers stammt aus dem Umbau unter Kurfürst Wilhelm II. nach 1823. An den Wänden vier Bilder aus der Serie der Götterliebschaften von Tischbein, die im Rondellzimmer des Erdgeschosses in Weißenstein hingen: Pan und Syrinx, Apollo und Daphne (beide 1771), Bacchus und Ariadne (frühes Bild, 1757), Venus und Adonis (1770). Jupiter und Callisto, Acis und Galathea, beide aus derselben Serie, befinden sich in der Casseler Galerie.

Das anschließende halbrunde S c h l a f z i m m e r (Nr. 12), das vor der Erhöhung der Verbindungsbauten aus drei Fenstern den freien Blick in die Landschaft hatte, ist wohl der geschmackvollste unter Wilhelm II. neu ausgestattete Raum (das Mahagonibett nicht zum Mobiliar gehörig). Von der ursprünglichen Dekoration des Zimmers haben sich die geschnitzten Teile der Boiserie erhalten; die Öfen mit den Statuen darauf stammen aus der Zeit Jeromes; die französische

Abb. 18 Schreibtisch von Fr. Wichmann, 1810/11

Stutzuhr mit der Muse Urania (auf der Kommode links) stand 1800 in diesem Zimmer; die vier besonders feinen, offenbar deutschen Wandleuchter gehören zur ersten Ausstattung des Weißensteinflügels (1790). Im Hintergrund der Bettnische ein zweites Exemplar des Piloschen Porträts der Gemahlin Wilhelms IX. Zu beiden Seiten die Böttnerschen Porträts Friedrich Wilhelms III. von Preußen und der Königin Luise.

An der Front nach Cassel folgt zunächst das Schreibkabinett (Nr. 13) mit Tapete, Polstermöbeln und Dekkenmalerei aus den Jahren 1822/23 (Entwurf zur Decke von J. Eugen Ruhl 1822). Der Kamin mit Kaminböcken (französische Arbeit) und die Ampel stammen aus der Zeit Jeromes; für Jerome, jedoch nicht für Wilhelmshöhe, ist auch der

Abb. 19 Französischer Marmorkamin im Raum 14

große Schreibtisch aus Birkenmaserholz (Abb. 18) angefertigt. Auf einer Schieblade des Schreibtisches steht: „Dieses Möbel wurde im Jahr 1810 und 1811 hindurch mit aller Sorgfalt nach der Idee und Zeichnung und in der Manufactur des Fr. Wichmann zu Cassel verfertigt, zuerst aber waren die Stein Arbeiten, das Basrelief so wie die Cariatuden aber früher von p. Wichmann angefertigt und auf der Kunstausstellung in Berlin ausgestellt worden. 1812 Januar." An der Wand dem Fenster gegenüber „Dido auf dem Scheiterhaufen" von Tischbein, ein wegen der feinen Farbigkeit bemerkenswertes Bild des Meisters (1776), und Äneas und Dido mit Amor als Ascanius (1771). Neben dem Schreibtisch ein Porträt Jeromes von seiner Hofmalerin Therese Kinson (Abb. 20). Die Kamingruppe, Bacchus und Ariadne, gehört zur ältesten Ausstattung.

Es folgt das Audienzzimmer (Nr. 14) mit blauer Ausstattung aus den zwanziger Jahren. Aus der Zeit Jeromes

Abb. 20 Porträt Jeromes

stammen der französische Kamin (Abb. 19), der Pariser Konsoltisch zwischen den Fenstern und die Kommode neben dem Kamin (Abb. 21). Die beiden badenden Nymphen, Biskuitporzellan aus der Fabrik von Sèvres, standen 1801 im Festsaal. Unter den vier Bildern von Heinrich Tischbein aus der Geschichte des Augustus ist das an der linken Seitenwand, Augustus vor der Venus des Apelles, wohl das letzte Bild des Meisters (1789).

Im folgenden Grünen Vorzimmer (Nr. 15) hängen drei weitere Bilder Tischbeins aus der Augustusgeschichte: Octavia und Vergil (1786), Augustus und Kleopatra (1786), Tod der Kleopatra (1782). Die übrige Ausstattung des Grünen Zimmers stammt aus der Zeit des Kurfürsten Wilhelm II.

Der nun folgende große Festsaal (Nr. 16, Tafel 10) nimmt die Mitte der Ostfront ein. Das Tonnengewölbe, die gesamte, nicht sehr glückliche Ausmalung und die Polstermöbel stammen aus der Zeit Kurfürst Wilhelms II. (Namenszug in den beiden Halbrunden). Das Dekorationssystem bis zum Hauptgesims ist beim Umbau in der Hauptsache beibehalten worden; vor der Einziehung des Tonnengewölbes war über dem Gesims eine zweite Reihe von Fenstern. Wie bei der ursprünglichen Einrichtung des Saales 1800 stehen jetzt an den Schmalseiten zwei 1790 aus Rom bezogene Konsoltische (der eine Abb. 22); darauf Vasen aus Casseler Fayence, Stücke der ursprünglichen Einrichtung des Weißenstein; über den Konsoltischen die nach 1814 hier placierten Bilder des Königs Georg III. von England (Bruder der ersten Gemahlin Landgraf Friedrichs II.) und seiner Gemahlin Charlotte. Auf den Konsoltischen zwischen den Fenstern französische Armleuchter in Form von Vasen mit Lilienblüten, auch aus der ältesten Einrichtung des Weißenstein. In den Fensternischen stehen vier „Atheniennen“ aus der Zeit Jeromes mit Blumenbehältern, die die Initialen J(erome) und C(atharina) tragen.

Vor dem Festsaal in der Front nach dem Herkules liegt der Präsentsaal (Vorsaal, Nr. 17) mit Stuckmarmordekoration um 1823. Aus der ursprünglichen Ausstattung von 1800

Abb. 21 Französische Mahagonikommode im Raum 14

haben sich die Türen mit den Supraporten von August Nahl erhalten, die Bronzereliefs imitieren (Fürstentugenden). Von den vier hier aufgestellten Büsten sind drei Kopien nach der Antike, die vierte (rechts von der Tür zum Festsaal) ist eine Porträtbüste der Gräfin Reichenbach (Abb. 14). An den Wänden Sepiazeichnungen, zwei davon von Philipp Hackert (Ansichten aus Camaldoli 1797/98, links und rechts unten neben der Tür zum Speisesaal), die übrigen von Aug. Nahl (zwei davon 1796 und 1799 datiert).

Der angrenzende Speisesaal (R a n g e s c h e r S a a l, Nr. 18, Tafel 11) ist der Raum, in dem von der ursprünglichen Dekoration des alten Baues am meisten übriggeblieben ist. Die Malerei an den Wänden — abgesehen von der späteren bunten Bemalung der Türen — ist von A. Range im Jahre 1800 ausgeführt; über den Türen sind Opferszenen vor den Statuen der Diana, Flora, Ceres, Pomona, des Bacchus und

Abb. 22 Römischer Konsoltisch im Festsaal

Pan dargestellt. Die jetzige Deckenmalerei wurde um 1823 ausgeführt; die ursprüngliche Deckenbemalung war leichter, der Wanddekoration mehr angepaßt. Die Möbel sind später eingebracht, der Ofen ist modern; auf den Konsoltischen zwei Paar Bronzearmleuchter (offenbar deutsche Arbeit), die zur ersten Einrichtung des großen Festsaals gehörten.

Wir kehren in die Räume an der Casseler Front zurück und betreten die Wohnzimmer der südlichen Wohnung. In dem roten Audienzzimmer (Nr. 19) und dem darauf folgenden Blauen Kabinett (Nr. 20, Tafel 12) sind aus der Zeit vor der Neueinrichtung unter Wilhelm II. von bemerkenswerten Stücken die beiden Kamine erhalten, die wahrscheinlich 1800 von Ruhl für die beiden Schlafzimmer angefertigt und zu Jeromes Zeit hierher versetzt wurden (der Kamin im Blauen Zimmer Abb. 23); auch die Venus Kallipygos (nach der Antike von Cavaceppi) und die Marmorvase (nach der Antike, 1802 von der Herzogin von Co-

Abb. 23 Marmorkamin von Ruhl (?) im Raum 20

burg-Gotha geschenkt) sind Gegenstände aus der älteren Einrichtung. Im Roten Zimmer hängen drei Bilder Tischbeins aus der Geschichte des Trojanischen Krieges (der Kampf des Menelaus und Paris, an der Eingangswand rechts, aus dem Jahre 1757). Die sechs Bilder im Blauen Zimmer sind Ansichten von Wilhelmshöhe um 1830, von dem Casseler Theatermaler Primavesi. Den Entwurf zur Deckenmalerei im Blauen Zimmer von Bromeis aus dem Jahre 1822 gibt die Abb. 24.

Im Schreibkabinett (Nr. 21), ursprünglich mit hellgelber Seidentapete, jetzt mit Tapete, Deckenmalerei und Sitzmöbeln aus der Zeit Wilhelms II., steht wieder der Schreibtisch der ersten Einrichtung von 1800. Der Kamin ist wohl der von Andreas Stampsfeld (?) für das Schlafzimmer im Erdgeschoß 1800 gelieferte; darauf eine Vase von Gothaer Porzellan mit den Silhouetten der Prinzessinnen Friederike (seit 1794 Herzogin von Anhalt-Bernburg) und Karoline (seit 1802 Erb-

Abb. 24 Entwurf von Bromeis für die Decke in Raum 20

prinzessin von Sachsen-Gotha). An der Wand neben dem Kamin ein gutes Porträt, angeblich die 1799 geborene Prinzessin Karoline; dem Fenster gegenüber die Landgräfin Philippine mit ihrer Schwester Friederike, Herzogin von Württemberg-Mömpelgard vor dem Altar der Freundschaft (Tischbein 1773); über dem Schreibtisch zwei Bilder Tischbeins aus der Geschichte von Rinaldo und Armida nach Tasso (1769).

Das Schlafzimmer im südlichen Halbrund (Nr. 22) war z. Zt. Jeromes mit ähnlichen Möbeln mit violettem Samt eingerichtet, doch stammt die jetzige Einrichtung im allgemeinen aus der Zeit Wilhelms II.; den Entwurf Müllers aus dem Jahre 1822 zur Dekoration der Alkovenwand gibt Abb. 25. Die Skulpturen auf den Kommoden und auf den Öfen sind

Abb. 25 Entwurf von L. Müller zur Dekoration des Raumes 22

Stücke der Einrichtung von 1800. An der Hauptwand der Bettnische das Porträt Landgraf Friedrichs II., links das Porträt seiner ersten Gemahlin (von des Marées, 1752), rechts Landgraf Wilhelm VIII.

Die Nebengebäude des Schlosses liegen abseits; nur das zu Jeromes Zeit nach Entwürfen von Klenze erbaute Theater (später zum Ballsaal umgewandelt) liegt unmittelbar nördlich vor dem Schloß in der Kastanienpflanzung. Jenseits der durch den Park führenden Hauptstraße liegen die Wache, das Gasthaus, der Marstall, das Hofgärtnerhaus, alles Bauten, die in der Zeit Kurfürst Wilhelms II. entstanden sind oder ihre jetzige Gestalt erhalten haben. Das Gasthaus wurde von 1826—28 an Stelle des alten aufgeführt, 1825 bis 1826 nach Entwürfen von Bromeis die daneben liegende Wache. Das mehrfach umgebaute und erweiterte Marstallgebäude wurde 1822 in der jetzigen Form vollendet; die Uhr und der Dachreiter stammen anscheinend von dem abgebrochenen alten Schloß Weißenstein. Das Hofgärtner- (zeitweise Kavalier-)haus, bereits unter Friedrich II. vorhanden, wurde 1824/25 in die Flucht des Marstalles zurückgerückt und erhielt gleichzeitig die heutige Stuckverzierung.

Abb. 26 Die Löwenburg während des Baus (Felsenburg), 1795

III
DIE LÖWENBURG

(Tafel 16—18)

Der beim Wilhelmshöher Bau aufgegebene Gedanke, ein Schloß im Ruinenstil zu erbauen, fand in der später Löwenburg genannten Felsenburg eine seltsame Verwirklichung. Unter dem November 1793 berichtet Strieder: „Die vorzügliche schickliche Lage des Platzes über dem Thiergarten, wo ehemals ein Steinbruch gewesen, und die schöne Aussicht, die man dort findet, veranlaßten Serenissimum, diesen Ort zu wählen, um daselbst ein Gebäude nach der Form der alten Gothischen Schlösser erbauen zu lassen, und es, da es auf Felsen gegrün-

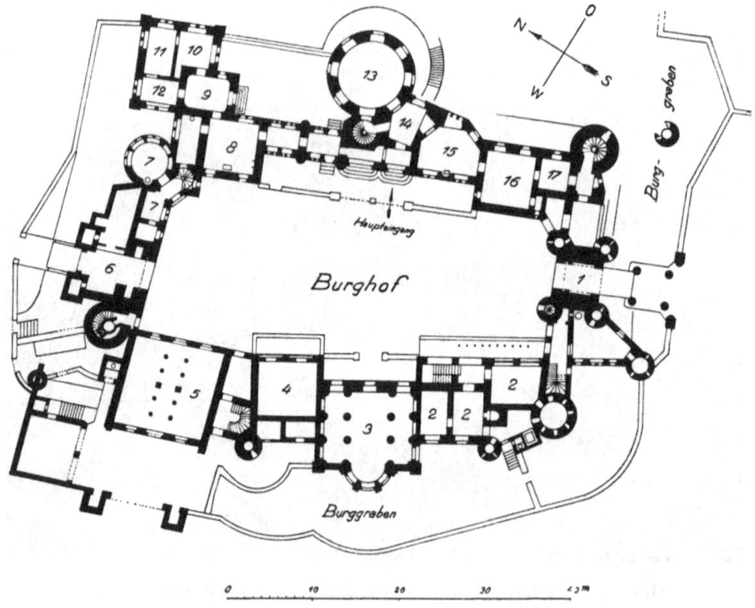

Löwenburg, Grundriß des Erdgeschosses

1 Südtor
2 Wache und Dienerschafts-räume
3 Kapelle, darunter Gruft
4 Rüstkammer
5 Marstall
6 Nordtor
7 Wohnung des Burgvogts
8—12 Ritter- und Cavalierwohnung
13 Speisesaal
14 Vestibül
15—17 Ritterwohnung

det war, Felsenburg zu benennen.“ Der erste kleine Plan einer Ruine mit abgebrochenem Turm, Küche und Türmerswohnung, gelangte 1794 und 1795 zur Ausführung. Diesen Bau zeigt ein Aquatintablatt von Wilhelm Unger aus dem Jahre 1795 (Abb. 26).

Von dem Ausbau dieser Ruine und ihrer Erweiterung zum Schloß gibt Jussow, der Urheber des Entwurfs und Leiter der Bauarbeiten, folgende Darstellung: „Dieses Gebäude, das der ersten Idee nach, nur durch die Vorstellung einer alten Warte

Abb. 27 Die Löwenburg von Süden, Stich um 1800

und weniger Reste zerfallener Mauern die Erinnerung der verflossenen Zeiten zurückrufen sollte, ist seit dem Anfange seines Baues bis zu einer beträchtlichen Größe erweitert worden, indem des Herrn Landgrafen Hochfürstliche Durchlaucht jene erste von Höchstdenenselben mit so glücklicher Auswahl des Platzes gefaßte Idee in die eines ganzen gothischen Bergschlosses umzuschaffen gnädigst geruhet haben. Diese Burg (vgl. Grundriß S. 44) mit zwey Thoren, Zugbrücken und Graben versehen, begreift in ihrem Umfange nicht nur alle Nothwendigkeiten, sondern auch selbst Bequemlichkeiten, die ein ehemaliger Bewohner, nach jener Zeiten Sitte, für sich nur verlangt haben könnte. Ein großer 100 Fuß hoher und 35 Fuß im Durchmesser haltender Thurm begreift in vier Stockwerken, zu denen eine Windeltreppe von unten hinaufführt, einen Speisesaal, eine Bibliothek mit einem Vorzimmer, einen Rittersaal und eine Ritterwohnung. Ein diesen Thurm halb umgebendes Gebäude enthält in 2 und 3 Stockwerken: drey große vollständige Apartements und vier Ritterwohnungen.

Abb. 28 Wirkteppich mit der Geschichte des Propheten Jona

Auf diesem Gebäude gewährt eine Platteforme den Genuß einer unbeschreiblich schönen Aussicht, die aber von der Höhe des großen Thurms weit unbeschränkter und überraschender, für die Mühe so hoch gestiegen zu seyn, in vollerm Maße belohnt. Nach Norden schließt die Burgvogts Wohnung und ein Thor den Burghof ein, der nach Westen zu dem Marstallbau, in welchem auch die Rüstkammer ist, von der Kapelle und vom Küchenbau, nach Süden aber (vgl. Abb. 27) von der Thorwarte und einem Thor, über welchem das Burgverließ ist, begrenzt wird." Die vorstehend beschriebenen Bauteile wurden in den Jahren 1795—1797 im Außenbau fertiggestellt, 1797/98 im Innenausbau vollendet und möbliert. Am 29. August 1798 bezog der Landgraf zum ersten Male das Schloß; bereits 1796 hatte es den Namen Löwenburg erhalten. 1798/99 wurde der im Grundriß S. 44 (Raum 10—12) kenntliche Anbau an der Nordostecke hinzugefügt, durch den die Damenwohnung erheblich erweitert wurde; der Burggarten vor dem

Nordtor wurde 1800 angelegt, im folgenden Jahre der Turnierplatz. Damit war die Burg, wie sie heute erhalten ist, vollendet.

Die Innenausstattung wurde dem Äußern entsprechend, in altertümelndem Stil gehalten. Aus der Casseler Möbelkammer, dem alten Weißensteiner Vorrat und den übrigen alten Schlössern, vor allem aus Wabern und Heidau, Wilhelmsthal, Schmalkalden und dem alten Residenzschloß in Cassel wurden im Winter 1797/98 geeignete Barock- und Rokoko-Möbel zur Ausstattung der Burg herbeigeschafft; nur wenige Möbel wurden neu, in einem gotisierenden Stil, angefertigt. Auf diese Weise ist die Löwenburg zu einem Museum des hessischen Kunstgewerbes des 17. und 18. Jahrhunderts geworden. Noch heute befindet sich hier, trotzdem seit 1913 einzelne wichtigere Stücke als Leihgabe im Casseler Landesmuseum aufgestellt sind, eine bedeutende Sammlung von Möbeln, Gobelins, Waffen, Gläsern und anderen kunstgewerblichen Gegenständen; unter den Wirkteppichen (vgl. Abb. 28) sind Stücke ersten Ranges.

Als Ganzes gesehen, ist die Löwenburg vielleicht das merkwürdigste Denkmal der Ritterromantik, das sich in Deutschland erhalten hat. Diese Romantik ist von dem Kurfürsten allerdings nur teilweise ernst genommen worden; in den Aufschriften der Bücherattrappen in der Bibliothek z. B. zeigt sich eine deutliche Selbstironie. Der Plan des Löwenburgbaus überhaupt entsprang offenbar dem Wunsche des Landgrafen nach diskreter Zurückgezogenheit, und hessische Schriftsteller deuten wohl mit Recht aus der bekannten Stelle in Goethes Faust, wo Mephisto nach dem Muster von Cassel eine deutsche Residenz schildert, auf die Löwenburg die Verse:

> Dann aber ließ' ich allerschönsten Frauen
> Vertraut-bequeme Häuslein bauen;
> Verbrächte da grenzenlose Zeit
> In allerliebst-geselliger Einsamkeit.

Die sentimental-ernsthafte Form, die der Baugedanke annahm, ähnlich dem Ruinenschlößchen Friedrich Wilhelms II.

Abb. 29 Stühle mit Stickereibezügen in der Löwenburg

von Preußen auf der Pfaueninsel bei Potsdam, entspricht vollkommen der eigentümlichen Charaktermischung des Landgrafen. Für ihn war die Löwenburg ein Lieblingsaufenthalt; um 1800 ließ er sich hier — wie Friedrich II. von Preußen an seinem Lieblingsort, auf der Terrasse von Sanssouci — seine Gruft bauen, zu der er oft hinabstieg und in der er, seinem letzten Willen gemäß, beigesetzt worden ist.

Die Wohnräume der Burg liegen im Ostflügel, aus dem in der Mitte der große Turm aufragt (Tafel 17). Das Obergeschoß des Wohnbaues (Grundriß S. 50) enthält rechts vom Turm die Wohnung des Kurfürsten (Raum 20—24 und 26), links davon die Damenwohnung (Raum 27—31); das Erdgeschoß (Grundriß S. 44) ist ähnlich eingeteilt. Der große Turm in der Mitte des Wohnbaus enthält im Erdgeschoß den Speisesaal, im ersten Obergeschoß die Bibliothek, darüber den „Rittersaal“. Den Hauptzugang zu den oberen Stockwerken vermittelt eine dem Turm vorgelegte Wendeltreppe. Der Besichtigung geöffnet sind zurzeit die Wohnungen im Obergeschoß, die Säle im Turm und die südlichen Zimmer im Erdgeschoß.

Abb. 30 Stühle in der Löwenburg

Im ersten Zimmer des Erdgeschosses (Raum Nr. 15 im Grundriß S. 44), das man durch das wenig beleuchtete Vestibül (14) betritt, ist bemerkenswert die runde Tischplatte aus Solnhofer Stein mit einer sechsstimmigen Komposition des Landgrafen Moritz († 1632), angeblich ein Werk Andreas Pleningers. Die beiden Gobelins sind Erwerbungen des Landgrafen Carl. Im anstoßenden Schlafzimmer (16) stand das zurzeit im Landesmuseum befindliche Bett der Landgräfin Sabine († 1581, Gemahlin Wilhelms IV.). Das Sofa und die zugehörigen Lehnstühle tragen auf den Gobelinbezügen die Initialen der Landgräfin Maria Amalia († 1711, Gemahlin des Landgrafen Karl); im übrigen stehen hier Polsterstühle mit Millepoints-Stickerei wie in Raum 15 (siehe Abb. 29 und 30). An der Wand sind Stücke der Gobelinserie aus der Kleopatrageschichte (gefertigt um 1700 in Amsterdam) angebracht, deren bestes Stück (das Gastmahl) sich zurzeit im Casseler Landes-

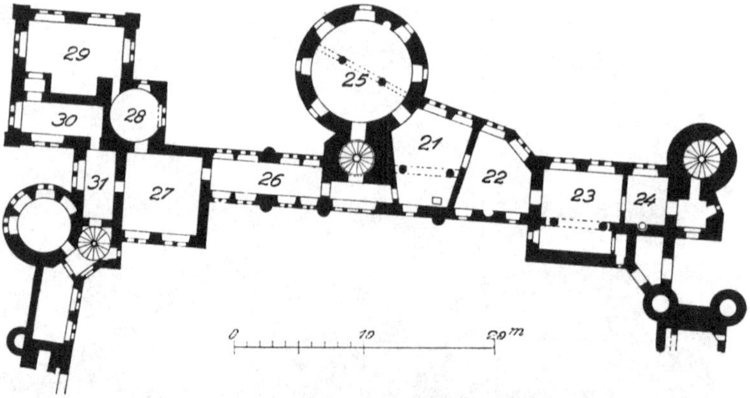

Löwenburg, Obergeschoß des Wohngebäudes, Grundriß

21—25 Wohnung des Kurfürsten
21 Vorzimmer
22 Schreibkabinett
23 Schlafzimmer
24 Garderobe
25 Bibliothek

27—31 Damenwohnung
27 Vor- (Wohn-) Zimmer
28 Rundes Kabinett
29 Schlafzimmer
30 Ankleidezimmer
31 Garderobe

26 Galerie

museum befindet. Der runde Speisesaal im Turm (13) enthält die Hauptteile der reichen und interessanten Wilhelmshöher Waffensammlung; die Gobelintischdecke, offenbar Casseler Fabrikat, hat das Wappen des Landgrafen Karl; die Rokokoarmsessel stammen aus Wabern.

Im ersten Stockwerk betritt man zunächst, durch eine Galerie (Raum 26 im obenstehenden Grundriß) mit einem flämischen Gobelin des 16. Jahrhunderts (Ruhe auf der Flucht) die Damenwohnung, die wir wohl als Wohnung der Freiin von Schlotheim anzusehen haben. Im Wohn-(Vor-)zimmer (27) sind die Wände mit Perlstickereien, Trachtendarstellungen des 17. Jahrhunderts, bedeckt (Tafel 18); 3 Felder davon, über den Türen, 1804 ergänzt. Die Sitzgarnitur mit Millepoints verschiedener Art, der Ofenschirm mit der Darstellung eines Maskenballes; der Schreibschrank mit Perlmutterbekleidung, Elfenbeineinlage und Lackarbeit (17. Jahrhundert, wohl fran-

Abb. 31 Barockschrank in der Löwenburg

zösisch). In dem runden, ursprünglich grünen Kabinett (28) ist eine aus Wabern stammende Tapete angebracht worden, neben der Eingangstür steht ein unter Verwendung alter Bestandteile um 1800 angefertigtes Barockschränkchen.

In der Bettnische des Schlafzimmers (29) steht anstatt des jetzt im Schlafzimmer des Landgrafen aufgestellten Bettes ein Barockschrank mit geschnitztem Fußgestell, die vier Jahreszeiten vorstellend, und Marmoreinlagen mit italienischen Landschaften (Abb. 31); am Fenster ein Tisch mit Silber- und Perlmuttereinlagen und den Initialen des Landgrafen Wil-

Abb. 32 Schreibtisch des Kurfürsten

helm V. (regierte 1627—37) und seiner Gemahlin Elisabeth.

Die Wohnung des Landgrafen, in der südlichen Hälfte des Wohnbaues, beginnt mit dem Vorzimmer (21). Der Gobelin mit der Opferszene ist der Rest der Gobelins aus der Kleopatra-Geschichte, mit denen ehemals die Wände gänzlich bekleidet waren. Der barocke Tisch (Mohren als Füße) und die dazu gehörigen Gueridons stammen aus Heidau. Am Fenster die Reiterstatuette des Herzogs Karl Emanuel von Savoyen von Pietro Tacca (1621), Modell zu einem nicht ausgeführten Reiterdenkmal. Für das anschließende Schreibkabinett (22), dessen Wände früher ebenfalls mit Gobelins bedeckt waren, sind die meisten Möbel in gotisierendem Stil für die Löwenburg neu angefertigt worden, der Schreibtisch des Landgrafen (Abbildung 32), ursprünglich ein einfaches Möbel im Stil der ersten Ausstattung von Wilhelmshöhe, ist durch Hinzufügung der Löwenfüße, der oben aufsitzenden gotischen Galerie usw. im Löwenburgstil umgearbeitet worden; er hat noch die Repositur und die Namen der hessischen Regimenter. An der Wand ein guter flämischer Wirkteppich des 16. Jahrhunderts, die Auferstehung Christi, aus dem Besitz des Landgrafen Wilhelm IV. Das Bett des Schlafzimmers (23), aus der Sababurg stammend, befindet sich als Leihgabe im Landesmuseum; statt dessen ist hier das Bett der Damenwohnung aufgestellt.

Die Bibliothek, im Turm (25), mit Barockmöbeln und einem neuen Schreibtisch im Löwenburgstil, neuerdings mit Waffen dekoriert, enthält in den Schränken meist Attrappen von Ritter-, Räuber- und Gespensterromanen. Darüber im Turm liegt der Rittersaal, mit guten Rüstungen und einer bemerkenswerten Sammlung von alten hessischen Gläsern in den Wandschränken. Die Wendeltreppe am Turm führt in den Burghof zurück.

Die Westfront des Burghofes wird von der Wache, der Kapelle, der Rüstkammer und dem Marstall eingenommen.

Die R ü s t k a m m e r enthält eine Waffensammlung, deren bedeutendstes Stück die angeblich von Kurfürst Moritz von Sachsen stammende Rüstung zu Pferd (in der Mitte des Raumes) ist; in der Mitte der Rückwand ist der schwarze Harnisch des Totenritters aufgestellt, der den Leichenzug des Kurfürsten Wilhelm I. geleitete.

Den Eingang zur K a p e l l e , neben der Rüstkammer, schließt ein Geländer ab, auf dem die Statuen der beiden hessischen Schutzheiligen Bonifazius und Elisabeth stehen, angeblich von der Unterneustädter Kirche in Cassel. Im Innern der Kapelle ist links im Chor die aus der Klosterkirche von Herrenbreitungen stammende Holznachbildung des Grabsteins für den Pfalzgrafen Siegfried von Orlamünde († 1124) befestigt. In den bunten Glasfenstern des Chors sind nur noch wenige alte Scheiben. In der Mitte des Chors, hinter dem Altar, steht das um 1800 von Ruhl gearbeitete, etwas unglücklich wirkende G r a b m a l d e s K u r f ü r s t e n W i l h e l m I., ein ruhender Ritter in voller Rüstung. Das Grabmal steht über dem Eingang zur Gruft, in der der Kurfürst am 14. März 1821 beigesetzt wurde. Die Zeremonie der Beisetzung war im Stil der Ritterromantik gehalten, nach einem sorgsam ausgearbeiteten, 77 Nummern umfassenden Programm. Nachdem der Leichnam um Mitternacht bei Fackelschein von Cassel in die Wilhelmshöher Schloßkirche überführt worden war, bewegte sich am nächsten Mittag der Leichenzug über den noch jetzt so genannten „Leichenweg" am Fontänenbassin unter der Cestiuspyramide vorbei zur Löwenburg. „Von der Zinne der von dem Jägerbataillon besetzten Löwenburg flatterte eine schwarze Fahne mit dem hessischen Löwen, als die Spitze des Zuges mit dem Leichenwagen vor der Zugbrücke eintraf, deren Fallgatter herabgelassen war. Ein Ritter in schwarzer Rüstung (es war der Jagdjunker Louis von Eschwege) ritt an den Burggraben heran, schlug an das Gatter und heischte Einlaß für den toten Fürsten von Hessen, worauf die Brücke sich senkte und den Zug einließ, dessen Spitze durch den Burghof zog und auf dem Turnierplatz Aufstellung nahm. Der Sarg wurde in die schwarz ausgeschlagene, mit Kerzen erleuchtete Kapelle getragen, in der nur die Glieder der fürstlichen Familie, die drei Minister und wenige Ehrengäste Einlaß fanden. Nach einer kurzen würdigen Trauerrede Rommels wurde der Leichnam in die offene Gruft gesenkt und in Ruhls Marmorsarkophag geborgen, während 101 Kanonenschüsse und knatternde Infanteriesalven den Habichtswald erschütterten. Der Schlüssel zur Tür wurde in die Gruft geworfen und ihr Eingang vermauert, über dem der schlafende Ritter Ruhls wieder Aufstellung fand." „Wohl jeder", so schließt der Biograph Wilhelms I., „der an der Beisetzungsfeier teilgenommen, hatte das Gefühl, daß mit dem Toten in der Löwenburg das alte Hessen zu Grabe getragen war." Die Gruft ist noch heute vermauert. Eine Zeichnung des Ruhlschen Reliefs in der Gruft, das die Apotheose des Kurfürsten darstellt, befindet sich in der Kapelle. Mit der Beisetzung des Kurfürsten Wilhelm I. ist die Geschichte der Löwenburg als lebendigen Bauwerks zu Ende.

ANMERKUNGEN

HAUPTSÄCHLICHE LITERATUR

C. L. Hirschfeld, Theorie der Gartenkunst, Leipzig 1779—85.

W. Strieder, Historische Nachrichten von der Umschaffung des Weißensteins unter Anordnung des Durchlauchtigsten Landgrafen Wilhelms IX., Manuskript in der Schloßbibliothek zu Wilhelmshöhe, (teilweise gekürzt) herausgegeben von A. Holtmeyer, Marburg 1913. Die Anführungen im Text erfolgen nach dem Originalmanuskript; die Handschrift Strieders bricht im Jahre 1795 ab, die Darstellung ist von Jussow bis zum Jahre 1801 weitergeführt.

D. Ph. von Apell, Kurze Beschreibung von Wilhelmshöhe bei Cassel, Cassel 1799.

— Cassel und die umliegende Gegend, 3. Aufl. Cassel 1801; 4. Aufl. Cassel 1804.

J. C. Krieger, Cassel in historisch-topographischer Hinsicht nebst einer Geschichte und Beschreibung von Wilhelmshöhe, Marburg 1805.

— Geschichte und Beschreibung des kurfürstlich-hessischen Lustschlosses Wilhelmshöhe, 2. Aufl. Cassel 1821; 3. Aufl. Cassel 1824.

— Cassel und Wilhelmshöhe, Cassel 1828.

P. Heidelbach, Die Geschichte der Wilhelmshöhe, Leipzig 1909.

A. Holtmeyer, Die Bau- und Kunstdenkmäler im Regierungsbezirk Cassel, Band IV Kreis Cassel-Land, Marburg 1910.

Ph. Losch, Kurfürst Wilhelm I., Landgraf von Hessen, Marburg 1923.

Seite 6: Weiterführung der Kaskaden durch Friedrich II. Die Schilderung Schminckes nach Holtmeyer a. a. O., S. 279.
Die Erdbewegungen für die Fortführung der Kaskaden bis zur Plutogrotte waren vor 1785 bereits ausgeführt; vgl. die Berichte Strieders unter dem Mai 1793 und August 1793.

Seite 6: Plutogrotte. Die Beschreibung nach J. C. Krieger a. a. O., Anhang S. 47 f.

Seite 7 f.: Anlagen im Weißensteiner Park. Die Beschreibung Hirschfelds a. a. O., Band V, S. 232 f., 235 f.

Seite 8: Umgestaltung der Weißensteiner Anlagen. Die Stelle aus den Memoiren Wilhelms IX. nach Losch, Kurfürst Wilhelm I., S. 169 f.

Seite 21: Wilhelm (IX.) I. Die Charakteristik des Kurfürsten bei Losch, Kurfürst Wilhelm I., S. 370 ff. Für die Gräfin Hessenstein vgl. Losch a. a. O., besonders S. 378 f. und Joachim Kühn, Kurhessische Bilderbogen (Berlin 1924), S. 34 ff.

Seite 22: Wilhelm II. Vgl. die Darstellung bei Losch, Geschichte des Kurfürstentums Hessen (Marburg 1922), S. 120 ff. und die oben angeführte Schrift von Joachim Kühn. Die Charakteristik der Regierungszeit aus der Streitschrift A. Klauholds, Drei Lebensläufe in absteigender Linie (Hamburg 1860), S. 18; die Äußerung Ruhls nach Joachim Kühn a. a. O., S. 149. Über die Verhaftung des Kabinettssekretärs Müller vgl. Leonhard Müller, Lebenserinnerungen eines alten Kurhessen (Dresden 1903), S. 26 ff.

Seite 25 ff.: Innenausbau. Die Angaben über die Dekoration der einzelnen Räume und ihre Mobiliarausstattung beruhen auf den Bau- und Mobiliarakten über Weißenstein — Wilhelmshöhe, insbesondere auf den Inventaren der Schloßverwaltung. Aus der Zeit der Erbauung scheinen die Rechnungsbelege, die in der Regel allein die Kenntnis der Einzelheiten vermitteln, über die Mobiliarausstattung leider nicht mehr vorhanden zu sein; ebenso sind die Akten der Hofverwaltung Jeromes bis 1811 laut Dekret vom 12. April 1813 verbrannt worden. Indessen sind wir über die Veränderungen während der französischen Zeit dadurch unterrichtet, daß uns das bis 1807 ergänzte kurfürstliche Inventar erhalten ist, während andererseits nach der Rückkehr des Kurfürsten (November 1813) im Juni 1814 Corps de logis, im November von den beiden Flügeln ein Inventar aufgenommen wurde, das eine Bestandsaufnahme des von Jerome Zurückgelassenen darstellt.

Seite 25: Bewohnung des Schlosses durch Wilhelm I. Krieger bezeichnet 1805 zwar auch das Erdgeschoß des Hauptgebäudes als Wohnung des Kurfürsten, sagt aber bei der Beschreibung des Weißensteins, daß dieser Flügel gewöhnlich vom z. Zt. regierenden Kurfürsten bewohnt werde; a. a. O. Anhang S. 31/32.

Seite 29 ff.: Für die Gemälde von Joh. Heinr. Tischbein vgl. Engelschall, Joh. Heinr. Tischbein, Nürnberg 1797, und H. Bahlmann, Johann Heinrich Tischbein, Straßburg 1911.

Seite 44: Baugeschichte der Löwenburg. Die Darstellung Jussows in dem von ihm fortgesetzten, mehrfach angeführten Manuskript Strieders.

Seite 47: Goethe, Faust, Zweiter Teil, Akt IV, Szene 1; vgl. Heidelbach, Cassel, S. 192.

Seite 47 ff.: Für die Geschichte der Gobelins in der Löwenburg vgl. von Drach in der Bayerischen Gewerbezeitung 1889, dem nicht bekannt war, daß die in den von ihm Seite 74, 124, 158 angeführten Urkunden genannten Stücke, Auferstehung Christi, Ruhe auf der Flucht, Jonas, Pyramns und Thisbe, Flora usw. in der Löwenburg vorhanden sind. Der Jonas- und der Pyramusgobelin dürften der landgräflichen Wirkerei entstammen.

Seite 54: Beisetzung Wilhelms I. Die angeführte Stelle bei Losch, Kurfürst Wilhelm I., S. 369 f.

VERZEICHNIS DER KÜNSTLER UND KUNSTHANDWERKER

(Die Ziffern bedeuten Seitenzahlen)

VERZEICHNIS
DER ABBILDUNGEN UND PLÄNE

Tafeln:

Textabbildungen:

Seite

Pläne:

Die abgebildeten Zeichnungen und Stiche befinden sich in der Wilhelmshöher Schloßbibliothek; nur die Vorlagen zu den Porträts der Landgrafen Karl und Wilhelm IX. sind dem Berliner Kupferstichkabinett entnommen.

STAMMTAFEL
DER LANDGRAFEN UND KURFÜRSTEN
VON HESSEN-CASSEL

(Nach Voigtel-Cohn, Stammtafeln Nr. 117/118)

WILHELM IV. (1567—1592)
Stifter der Linie Hessen-Cassel, geb. 1532. Gem: 1566 SABINE Prinzessin von Württemberg, gest. 1581.

|

MORITZ (1592—1627)
geb. 1572, gest. 1632. Gem.: [1]) 1593 AGNES Gräfin von Solms-Laubach, [2]) 1603 JULIANE Gräfin von Nassau-Siegen.

|

WILHELM V. (1627—1637)
geb. 1602. Gem.: AMALIE ELISABETH Gräfin von Hanau-Münzenberg

|

WILHELM VI. (1637—1663)
geb. 1629. Gem.: HEDWIG SOPHIE Prinzessin von Brandenburg

|

WILHELM VII. (1663—1670)	**KARL (1670—1730)**
geb. 1651	geb. 1654. Gem.: 1673 MARIE AMALIE Prinzessin v. Kurland

KARL (1670—1730)

FRIEDRICH I. (1730—1751)
geb. 1676, 1720 König von Schweden. Gem.: [1]) 1700 LUISE DOROTHEE SOPHIE Prinzessin v. Preußen, [2]) 1715 ULRIKE ELEONORE Prinzessin, später Königin von Schweden.

WILHELM VIII. (1751—1760)
geb. 1682. Gem.: 1717 DOROTHEE WILHELMINE Prinzessin von Sachsen-Zeitz

FRIEDRICH II. (1760—1785)
geb. 1720. Gem.: [1]) 1740 MARIE Prinzessin von England, [2]) 1773 PHILIPPINE Markgräfin von Brandenburg-Schwedt

WILHELM IX. (1785—1821)
geb. 1743, seit 1803 Kurfürst (WILHELM I.). Gem.: 1764 WILHELMINE CAROLINE Prinzessin von Dänemark

WILHELM II. (1821—1831)
geb. 1777, gest. 1847. Gem.: [1]) 1797 AUGUSTE Prinzessin von Preußen, [2]) 1841 EMILIE ORTLÖPP (GRÄFIN REICHENBACH), [3]) 1843 KAROLINE VON BERLEPSCH (Freiin v. Bergen).

FRIEDRICH WILHELM (1831—1866)
geb. 1802, gest. 1875. Gem.: 1831 Gertrud Lehmann, geb. Falkenstein (Gräfin von Schaumburg).

Plan
der Anlagen von Wilhelmshöhe

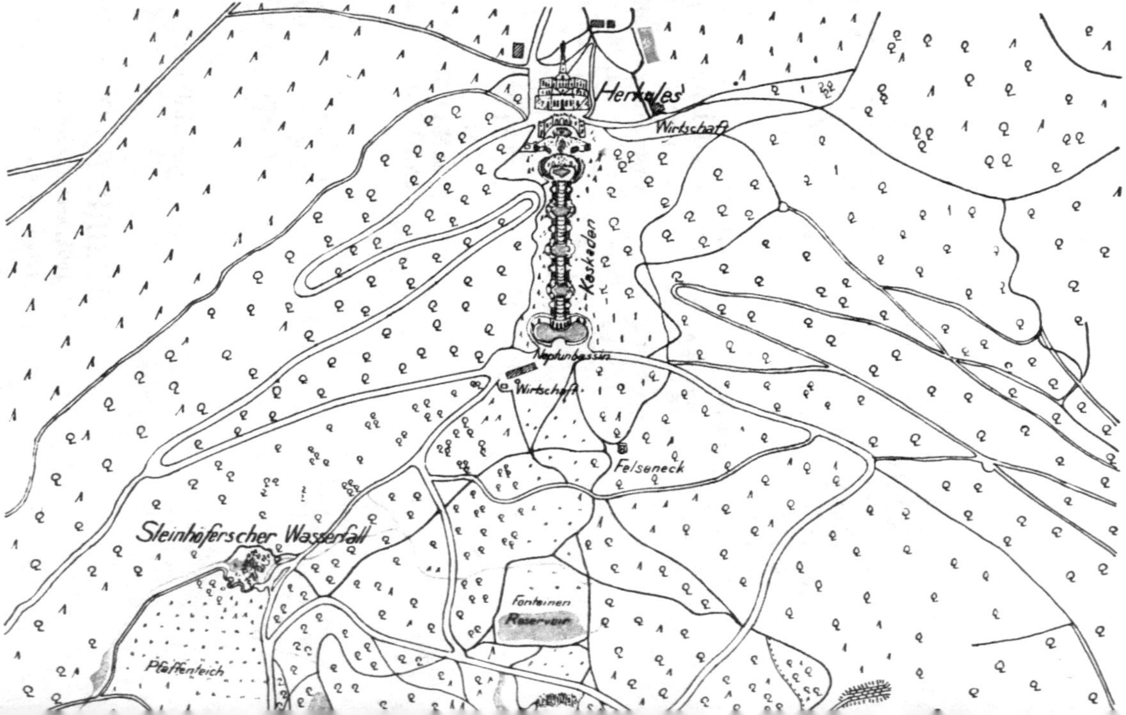

Löwenburg
Pyramide
Grab d. Virgil
Aquadukt
Neuer Wasserfall
Tempel
Gr. Fontaine
Säulenhalle
Marstall
Hotel
Ballsaal
Wachthaus
Post
Schloss
Pagode
Mulang
Lac

1 BLICK AUF SCHLOß UND HERKULES

2 Schloß vom Lac gesehen

3 Schloß von der Parkseite

4 Schloß, Kirchflügel und Hauptgebäude

5 SCHLOß, HAUPTGEBÄUDE

6 SCHLOß, PORTIKUS AM HAUPTGEBÄUDE

7 SCHLOß, TREPPENHAUS IM HAUPTGEBÄUDE

8 Schloß, Grüne Galerie im Erdgeschoß

9 Schloß, Rundes Speisezimmer im Erdgeschoß

10 SCHLOß, FESTSAAL

11 Schloß, Speisesaal im ersten Obergeschoß

12 Schloß, Wohnzimmer im ersten Obergeschoß

13 Blick vom Schloß auf die Kaskaden

14 FONTÄNE VOR DEM SCHLOß

15 KASKADEN UND OKTOGON

16 LÖWENBURG GESAMTANSICHT

17 HOF DER LÖWENBURG

18 Löwenburg, Zimmer mit Perlstickerei in der Damenwohnung

FSC
www.fsc.org
MIX
Papier | Fördert
gute Waldnutzung
FSC® C083411

Kolibri 360 GmbH
Ferdinand-Jühlke-Straße 7
99095 Erfurt, Deutschland
produktsicherheit@kolibri360.de